AF572862

VÖGEL MAGISCHE MOMENTE

MARKUS VARESVUO

Originalausgabe erschienen 2011 bei New Holland Publishers
London | Cape Town | Sydney | Auckland
www.newhollandpublishers.com

Garfield House, 86-88 Edgware Road, London W2 2EA, United Kingdom
80 McKenzie Street, Cape Town, 8001, South Africa
Unit 1, 66 Gibbes Street, Chatswood, NSW 2067, Australia
218 Lake Road, Northcote, Auckland, New Zealand

Bibliografische Information der Deutschen Nationalbibliothek
Die Deutsche Nationalbibliothek verzeichnet diese Publikation in der Deutschen Nationalbibliografie; detaillierte bibliografische Daten sind im Internet über http://dnb.d-nb.de abrufbar.

Wollgrasweg 41, 70599 Stuttgart (Hohenheim)
E-Mail: info@ulmer.de
Internet: www.ulmer.de
Umschlagentwurf: Atelier Reichert, Stuttgart
Übersetzung aus dem Englischen und Lektorat: Ina Vetter
Reproduktion: Pica Digital PTE Ltd, Singapur
Druck und Bindung: Toppan Leefung Printing Ltd
Printed in China
ISBN 978-3-8001-7708-0

GERFALKE
Falco rusticolus

Ein stahlblauer Himmel, vom Schnee reflektiertes Licht und ein neugieriger Gerfalke, der nachschaut, was der Fotograf da macht: eine wunderbare Situation.

BLAUKEHLCHEN
Luscinia svecica

Noch immer liegt ein wenig Schnee und die Zwergbirken tragen Knospen, wenn die Männchen in ihren Brutrevieren ankommen. Mit lautem und eifrigem Gesang von guten Aussichtspunkten machen sie für sich Werbung.

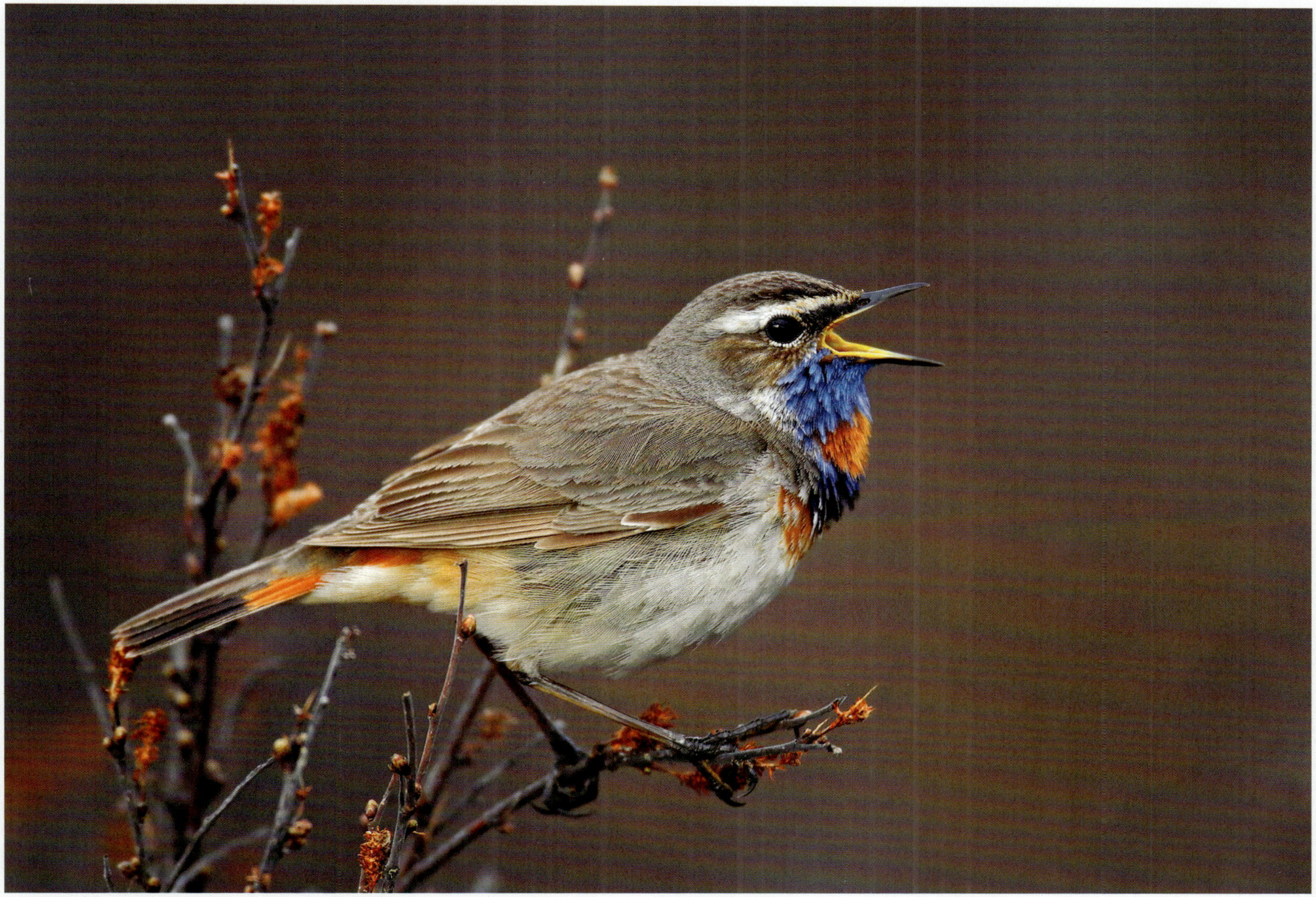

VÖGEL MAGISCHE MOMENTE

MARKUS VARESVUO

SCHECKENTE
Polysticta stelleri

In Winter locken geschützte Fischereihäfen mit ihren Fischabfällen viele Seevögel an. Anleger werden dann zu guten Schauplätzen für Fotos. Das dunkle Wasser im Hintergrund betont die kontrastreiche Färbung dieses Erpels.

MOORSCHNEEHUHN
Lagopus lagopus

Diese Raufußhühner suchen ihre Nahrung am liebsten morgens oder abends und verbringen den Tag teilweise oder vollständig im Schnee eingegraben. So sind sie gut isoliert und trotzen Kälte und Wind. Außerdem sind sie von ihren Feinden nur schwer zu entdecken.

INHALT

BARTGEIER
Gypaetus barbatus

Der Einfluss des Hintergrunds ist nicht zu unterschätzen. Dieses Foto zeigt einen Bartgeier in seinem natürlichen Lebensraum: Er gleitet weit oben am Himmel vor den Schemen der schneebedeckten Berge Südeuropas.

Warum ich Vögel fotografiere? Wegen ihrer Magie.

Seit meiner Kindheit beobachte ich Vögel. Die Faszination hat nicht abgenommen, im Gegenteil: Sie wird immer größer.

Das Fotografieren wurde bald zum Teil der Beobachtung, gleichzeitig als Mittel und als Selbstzweck. Würde ich meine Bilder auch ohne Publikum machen? Ja! Teile ich die Freude an meinen Fotos gerne mit anderen? Nochmals ja.

Mit der Fotografie kann man großartige Momente festhalten, etwa einen riesigen Vogelschwarm oder den majestätischen Flug des Bartgeiers vor einem Gipfel in den Pyrenäen. Ein einfaches Rotkehlchen, das anmutig vor der Kamera posiert. Hitzige Action in der Balzarena der Birkhühner.

Es geht stets darum die großen Momente kommen zu sehen, die Herausforderung, diese erfolgreich mit der Kamera zu bannen. So werden Träume wahr.

Diese Unberechenbarkeit macht süchtig. Wenn etwas in ständiger Bewegung ist, kann man einfach nicht müde werden! Zumindest für mich ist in der Vogelfotografie die Balance zwischen Enttäuschungen und Erfolgsgefühlen perfekt – die richtige Menge an Misserfolgen sorgt dafür, dass die Erfolge umso schöner sind; eine gute Menge an Erfolgen lässt mich die Hürden der folgenden Enttäuschungen besser überwinden.

So kann man eine Fotoexkursion akribisch planen und mit keinem einzigen guten Bild beenden, oder mit purem Glück über ein fantastisches Motiv stolpern und brillante Ergebnisse erzielen. Eine Erfolgsgarantie gibt es niemals, die Herausforderung ist stets präsent. Es ist wie bei der Jagd.

Vögel sind ein Teil unserer Welt. Wir benötigen sie mehr als sie uns. Ich bin überzeugt, dass ihre Magie unser Leben bereichert. Wie langweilig wäre die Welt wohl ohne sie?

Vögel sind immer ein gutes Argument hinauszugehen und sich in den Reichtum der Natur zu stürzen, sei es im Wald, an einem einsamen See, irgendwo in der Pampa oder in unseren Städten und Parks, auf unseren Dächern und Fußwegen.

MARKUS VARESVUO

AUERHUHN
Tetrao urogallus

Laute sind bei der Auerhahnbalz sehr wichtig. Ganz zu Anfang wetteifern die Hähne auf Bäumen sitzend miteinander, dann am Boden in der Balzarena. Später im Frühling kommen die Weibchen an, um sich einen Partner zu suchen, normalerweise den dominierenden Hahn.

BIRKHUHN
Tetrao tetrix

Um den Atem eines balzenden Birkhahns an einem kalten Wintermorgen einzufangen, braucht man ganz ruhige Wetterbedingungen. Für gute Fotos dieser Art sind ein dunkler Hintergrund und Gegenlicht wichtig, um die Atemwolke sichtbar zu machen.

STEINSCHMÄTZER
Oenanthe oenanthe

Manche Singvogel-Männchen vollführen einen Singflug, um die Aufmerksamkeit der Weibchen zu erregen. Sie zeigen zu diesem Gesang in der Luft meist eine spezielle Flugtechnik oder sie zeigen auffällige Federpartien wie dieser Steinschmätzer seine Schwanzfedern.

SCHELLENTE
Bucephala clangula

Während der Balz gibt der Erpel knarrende Laute von sich, nickt mit dem Kopf und spritzt kräftig mit seinen Füßen Wasser nach hinten. Das beeindruckt die Enten!

ROTHALSTAUCHER
Podiceps grisegena

Für uns klingt der Paargesang bei der Balz nicht gerade melodisch, aber das Jammern, „Wiehern" und Keckern und das gemeinsame „Tanzen" ist sehr wichtig für die Paarbindung.

STURMMÖWE
Larus canus

Das Paar lacht hier sein *kej-a kej-a kej-a kej-a ke ke*-Duett. Das Gegenlicht und das Eis sowie die symmetrische Position der Vögel machen aus diesem Bild etwas Besonderes.

SILBERMÖWE
Larus argentatus

Dieses Männchen landet mit einigem Pomp in der Kolonie und zeigt so seiner Partnerin, dass sie eine gute Wahl getroffen hat und den Mitbewohnern, dass sie sich von seinem Weibchen fernhalten sollen.

SPROSSER
Luscinia luscinia

In Nordosteuropa untrügliche Zeichen, dass der Frühling da ist: Ein singender Sprosser und ein blühender Apfelbaum.

NACHTIGALL
Luscinia megarhynchos

Nachtigallen setzen lieber auf unvergleichlichen Gesang statt auf ein schickes Federkleid. Während der Brutsaison kann man diesen sonst eher versteckten Vogel beim Abendlied auf einem Ast beobachten.

SAMTENTE
Melanitta fusca

Im Frühling sammeln sich Gruppen in geschützten Buchten. Von dort starten kleine Trupps, um die Brutgebiete in Augenschein zu nehmen, dann aber zurückzukehren. Die Paare haben sich bereits gefunden; die Erpel streiten dennoch gelegentlich.

OHRENTAUCHER
Podiceps auritus

Die Taucher bereiteten sich gerade auf ihre zweite Brut im August vor, als ein plötzlicher Sturm das Wasser ansteigen ließ. Das Nest war in Gefahr und das Paar musste schnell einige Stellen erneuern.

KAMPFLÄUFER
Philomachus pugnax

Auf ihrem Zug Anfang Mai rasten viele Kampfläufer an den besten Watvogelplätzen in Südfinnland. Schon im Brutkleid, marschieren die Männchen auf und ab und zeigen ihre prächtigen Federkragen. Hier zeigt sich ein Weibchen beeindruckt und duckt sich, bereit zu Paarung.

OHRENTAUCHER
Podiceps auritus

Nach ihrem Balztanz und der Paarfindung bauen die Ohrentaucher ihr schwimmendes Nest. Wenn es fertig ist, sind sie bereit für die Paarung, die oft direkt auf dem Nest stattfindet.

ROTFUSSFALKE
Falco vespertinus

Wie bei vielen Greifen gibt das Weibchen laute Rufe von sich und signalisiert so ihre Paarungsbereitschaft. Sie duckt sich zusätzlich schon in die richtige Position. Während der Hauptbalzzeit paaren sich die Falken mehrmals am Tag.

THORSHÜHNCHEN
Phalaropus fulicarius

In Flachwasser eines Deltas duckt sich das farbenprächtigere Weibchen und zeigt damit dem Männchen an, dass es bereit ist für die Paarung.

BLAURACKE
Coracias garrulus

Ein wichtiger Teil des Balzrituals sind die Brautgeschenke des Männchens. Wenn ihr die Gabe zusagt und der richtige Moment gekommen ist, signalisiert sie ihre Bereitschaft für die Paarung.

STERNTAUCHER
Gavia stellata

Da Sterntaucher am liebsten an kleinen Moorseen brüten, in denen gar keine Fische leben, müssen die Eltern Fische in benachbarten Seen oder im Meer fangen. Die Landung mit Gegenwind und viel Wassergespritze ist spektakulär. Die Jungen können erstaunlich große Fische im Ganzen verschlingen.

SCHNEEEULE
Bubo scandiaca

Wenn in der arktischen Tundra die Population der Lemminge zusammenbricht, müssen viele Jungeulen sterben. Einige Schneeeulenpaare sind flexibel, jagen auch andere Beute und bringen ihrem Nachwuchs Vögel, wenn es kaum noch Lemminge gibt.

RAUCHSCHWALBE
Hirundo rustica

Auch wenn die Jungen das Fliegen gelernt haben, füttern die Altvögel sie noch einige Tage. Hier lässt sich ein Jungvogel zwischen Jagd- und Flugtrainingseinheiten von einem Elternteil mit einer Libelle versorgen.

ROTKEHLPIEPER
Anthus cervinus

Diese Pieper brüten in der arktischen Tundra und legen ihre Brut zeitlich so, dass die Jungen schlüpfen, wenn es am meisten Insekten gibt. So können sie recht große Bruten von fünf bis sechs Nestlingen großziehen.

OHRENTAUCHER
Podiceps auritus

Die frisch geschlüpften Jungen dürfen häufig auf dem Rücken der Eltern reiten, wo sie warm und sicherer vor Greifen sind, als wenn sie allein schwimmen. Dieser Jungvogel ist schon fast zu groß für solche Huckepack-Spiele.

GOLDREGENPFEIFER
Pluvialis apricaria

Wie viele andere Watvögel vollführt der Goldregenpfeifer das Schauspiel „gebrochener Flügel", um Feinde abzulenken. Wenn sich der Feind dem „lahmen" Elternteil zuwendet, führt dieser ihn weg vom Nest, damit die Jungen sich zwischenzeitlich gut verstecken können.

KRANICH
Grus grus

Manchmal lohnt sich stundenlanges Ansitzen. Glücklicherweise stand der Wind hier so, dass der Fuchs den Fotografen nicht wittern konnte. Der Fuchs hatte es auf die Eier des Kranichs abgesehen, aber der große Vogel ließ sich nicht einschüchtern, stolzierte über den See und verjagte den Fuchs.

GRÜNSPECHT
Picus viridis

Vögel brauchen Wasser, um zu trinken und zu baden. Ein sauberes, gesundes Federkleid ist essenziell für ihr Wohlbefinden, besonders für den Flug und als Wärmeregulator.

ROTKEHLCHEN
Erithacus rubecula

Mit längerer Belichtungszeit und Gegenlicht entstand hier ein Effekt, der die vom jungen Rotkehlchen verspritzten Wassertropfen in goldene Lichtbögen verwandelt.

STAR
Sturnus vulgaris

Die Stare erscheinen abends in Massen an den Bade- und Trinkplätzen. Eine längere Belichtungszeit zeigt die Bewegung der Vögel bei der Rangelei um den besten Badeplatz.

BUCHFINK
Fringilla coelebs

Das weiche Abendlicht ist perfekt, um den badenden Buchfink zu fotografieren; der weiße Flügelfleck dominiert nicht allzu sehr und das Licht hebt die wunderbaren Farben des Vogels in idealer Weise hervor.

HABICHT
Accipiter gentilis

Der Habicht war äußerst vorsichtig, bevor er sich dem Wasser näherte. Er blieb lange in einem nahen Baum sitzen und hielt Ausschau, um schließlich zum Trinken zu kommen. Er füllte seinen Schnabel mit Wasser und hob den Kopf, wobei einiges Wasser wieder aus dem Schnabel lief.

GÄNSESÄGER
Mergus merganser

Ein Weibchen hat einen Fisch gefangen, den das andere Weibchen auch haben will. Die folgende Jagd auf der Wasseroberfläche ist mit relativ langer Belichtungszeit festgehalten, was die Bewegung der Säger schön hervorhebt.

BIRKHUHN
Tetrao tetrix

Die Hähne bei ihren Balzkämpfen zu fotografieren ist der reine Nervenkitzel. Sie sind dermaßen schnell, dass abgesehen vom richtigen Hintergrund und guten Lichtverhältnissen nur noch der Serienmodus bleibt, um auf ein gutes Ergebnis zu hoffen.

GRAUREIHER
Ardea cinerea

In Südfinnland kommen die Graureiher im März an ihre Brutplätze, wenn die meisten Seen noch zugefroren sind. Die Nahrung ist knapp und jeder Fischabfall eines Anglers wird zum Steitobjekt.

OHRENTAUCHER
Podiceps auritus

Ein guter Nistplatz ist es wert, von den Männchen umkämpft zu werden. Wenn sich die Kontrahenden ebenbürtig sind, kann der Streit mehrere Tage andauern.

ROTMILAN
Milvus milvus

Hier versucht ein Rotmilan, dem anderen die Beute abzujagen. Nach einem kurzen Kampf in der Luft gibt der Räuber auf und der Jäger kann seine Beute behalten.

SEEADLER & STURMMÖWE
Haliaeetus albicilla und Larus canus

Die Möwe setzt zur Verteidigung ihres Nestes all ihre Schnelligkeit und Wendigkeit ein gegen die Stärke und Größe des Adlers.

STEINADLER
Aquila chrysaetos

Während besonders kalter Perioden im Winter können Kadaver, die von Fotografen ausgelegt wurden, bis zu einem halben Dutzend Adler anlocken. Die Stärksten bestimmen die Reihenfolge beim Mahl – die Schwächeren müssen warten, bis die Starken ihren Hunger gestillt haben.

NEBELKRÄHE
Corvus cornix

Schnee und Eis machen die Nahrungssuche oft beschwerlich für Vögel. Diese Krähen streiten sich, wer die Fischreste bekommt.

STAR
Sturnus vulgaris

Vögel streiten über viele Dinge, wie Partner, Nistplätze oder Nahrung. Hier geht es einfach nur um den besten Badeplatz.

SILBERMÖWE
Larus argentatus

Möwen gehören sicher zu den Top 10 der dankbaren Motive. Sie sind relativ furchtlos und lassen sich leicht mit Futter anlocken. Der dunkle Hintergrund und die hellen Möwen mit dem spritzenden Wasser im Gegenlicht machen diese Aufnahme so besonders.

HAUBENTAUCHER
Podiceps cristatus

Das glatte Wasser, die Reflexion des gebogenen Halses und das gerade noch sichtbare Auge des Vogels machen diese Aufnahme einzigartig.

BIENENFRESSER
Merops apiaster

Zu Beginn der Brutsaison bringen die Männchen ihren Weibchen Geschenke. Dieses Männchen bietet seiner Partnerin, die gerade eine Pause vom anstrengenden Brutröhrengraben machen will, eine prächtige Libelle an.

BIENENFRESSER
Merops apiaster

Man muss schon sehr ausdauernd warten, um einen Bienenfresser beim Fangen der Beute zu bannen (oben). Der Vogel kehrt dann mit dem Insekt zurück zu seinem Lieblingssitzplatz (rechts), tötet es, indem er es auf einen Ast schlägt und wirft es dann in die Luft, um die Beute in die richtige Position zum Verschlucken zu bringen. Um diesen Moment einzufangen, musste ich mehrere Tage warten und lauern.

SEEADLER
Haliaeetus albicilla

In manchen Gegenden haben die Adler gelernt, Fischabfälle von Fischern oder Reiseleitern für Fototouren zu „jagen". Daraus ergeben sich großartige Möglichkeiten für den Fotografen.

FISCHADLER
Pandion haliaetus

Das Fischadler-Männchen kehrt mit einem Fisch zum Nest zurück. Je größer die Jungen werden, desto mehr Nahrung brauchen sie.

FISCHADLER
Pandion haliaetus

(*Vorige Doppelseite*) Einmal ein ganz anderes Fischadlerfoto: Ein Männchen landet mit seiner Beute für die Jungen auf dem Nest. Hinter dem gefächerten Schwanz des Vogels ist der Fisch zu sehen.

Fischadler können Fische bis in einem Meter Wassertiefe erbeuten. Im Extremfall sieht man dann nur noch ihre Flügelspitzen aus dem Wasser ragen. Dieser Moment dauert nur einen Augenblick, bevor der Vogel auftaucht und abhebt.

PFUHLSCHNEPFE
Limosa lapponica

Junge Watvögel sind häufig wenig scheu und lassen den Fotografen nah an sich heran. Die besten Fotos dieser Pfuhlschnepfe entstanden, als sie in der spritzenden Brandung nach Nahrung stocherte.

KNUTT
Calidris canutus

Gelegentlich schwappten die Wellen über den Seetang und ich versuchte, die stochernden Vögel einzufangen, während sie den überraschenden Wasserspritzern auswichen. Der schwappende Seetang ergibt hier einen ungewöhnlichen Hintergrund.

ODINSHÜHNCHEN
Phalaropus lobatus

Diese Vögel fischen Insekten, einen Teil ihres Speiseplans, gern von der Wasseroberfläche, sind aber auch geschickt beim Verfolgen.

SKUA & KÜSTENSEESCHWALBE
Stercorarius skua und *Sterna paradisaea*

Skuas sind zwar gute Jäger, aber Seeschwalben sind meist zu schnell für sie. Dieser Skua jedoch war schlau. Er wartete, bis die Seeschwalbe nach einem Fisch ins Wasser stieß, positionierte sich direkt darüber und fing sie beim Auftauchen.

ROHRWEIHE
Circus aeruginosus

Ich experimentiere gern mit durch Eis und Schnee bedingten Lichteffekten. Hier reflektiert Eis unterhalb des Rohrweihen-Männchens Licht nach oben und beleuchtet so die Unterseite des jagenden Greifs.

KÜSTENSEESCHWALBE
Sterna paradisaea

Dieses Foto entstand an einem Gletschersee. Ein Hauch des grünen Lichts, das vom Gletscher reflektiert wird, trifft auf die rüttelnde Seeschwalbe bei der Jagd.

ZWERGMÖWE
Hydrocoloeus minutus

Im Frühsommer fliegen diese Möwen über die Wasseroberfläche und fangen dort frisch geschlüpfte Insekten. Ein blitzschneller Moment, unglaublich schwierig einzufangen (*oben*). Alternativ fliegen die Zwergmöwen bei Wind über das Wasser, stoppen ab, treten mit ihren Füßen auf die Wasseroberfläche und fangen die eingetauchten Insekten mit dem Schnabel (*rechts*).

BARTKAUZ
Strix nebulosa

Im Spätwinter, wenn es in den Wäldern wenig Mäuse gibt, jagen Bartkäuze häufiger in der offenen Landschaft. Die Vögel sind oft wenig scheu und so ergibt sich die Gelegenheit, eine echte Jagd zu fotografieren (*oben*). Einige Eulen lassen sich auch mit Fleischstücken anlocken (*links*).

BARTKAUZ
Strix nebulosa

Dieses Foto ist etwas mehr als ein gewöhnliches Flugfoto: Der Blick der Eule, die majestätisch ausgebreiteten Flügel, der Schatten und das Gegenlicht, die Lichtreflexionen des Schnees und der Kontrast zwischen dem Schneeweiß und dem bläulichen Schatten tragen dazu bei.

BARTKAUZ
Strix nebulosa

Dank seiner runden Flügel und weichen Federränder kann der Bartkauz lautlos fliegen und seine Beutetiere überraschen. Stille ist auch wichtig, damit die Eule ihre Beute unter der Schneedecke hört. Der Bartkauz kann seine langen Beine bis zu einen halben Meter tief in den Schnee stoßen, um eine Maus zu fangen.

SPERBEREULE
Surnia ulula

Diese Eulen vagabundieren im Herbst weit umher, bis sie Gebiete mit einer ergiebigen Mäusepopulation gefunden haben (*rechts*). Sperbereulen kommen an Beute tief unter der Schneedecke nicht heran, also verlassen sie sich auf ihren exzellenten Scharfblick, warten und starten erst, wenn die Mäuse ans Tageslicht kommen (*gegenüber*).

RAUBWÜRGER
Lanius excubitor

Raubwürger lauern auf guten Sitzwarten auf ihre Beute. Wenn sie etwas Geeignetes entdecken, fliegen sie los und rütteln in der Luft, bis der richtige Zeitpunkt zum Zupacken gekommen ist.

NEBELKRÄHE
Corvus cornix

Nebelkrähen sind Opportunisten und fressen beinahe alles. Sie haben gelernt, unseren Müll nach Nahrhaftem zu durchsuchen. Diese kleine Flasche versprach kaum Sättigung, beschäftigte den Vogel aber eine Weile.

WASSERAMSEL
Cinclus cinclus

Wasseramseln suchen ihre Nahrung entweder, indem sie unter Wasser auf dem Bodengrund laufen oder auf der Wasseroberfläche schwimmen und immer wieder ihren Kopf eintauchen. Manchmal tauchen sie ohne Beute wieder auf (*links*), aber meistens haben sie Erfolg (*oben*).

SEIDENSCHWANZ
Bombycilla garrulus

Seidenschwänze sind Experten im Beerenpflücken, manchmal auf einem Zweiglein oder den Beeren balancierend, manchmal vor den Beeren schwirrend. Hier hat der Vogel sein Ziel verfehlt.

SEIDENSCHWANZ
Bombycilla garrulus

Die Beeren sind schwer und sie hängen ganz am Ende dünner Zweige. Um sie zu ernten, müssen die Vögel akrobatische Fähigkeiten haben (*links*). Die Seidenschwänzue verschlucken die ganze Beere (*oben*), scheiden aber die darin enthaltenen keimfähigen Samen wieder aus.

GRÜNFINK
Carduelis chloris

Hagebutten gehören im Herbst zur Leibspeise der Grünfinken. Der verschmierte Schnabel zeugt oft von der letzten Mahlzeit.

STIEGLITZ
Carduelis carduelis

Im Winter sind Kletten- und Distelsamen die Hauptnahrung des Stieglitzes.
Dieser Vogel wurde vor einem roten Haus als Hintergrund fotografiert.

WINTERGOLDHÄHNCHEN
Regulus regulus

Diese winzigen Vögel kann man oft an den Zweigspitzen auf der Jagd nach Insekten und Spinnen beobachten.

GELBBRAUEN-LAUBSÄNGER
Phylloscopus inornatus

Ein seltener Besucher in Europa aus dem Osten. Wie das Wintergoldhähnchen ist er oft im Schwirrflug auf der Suche nach Insekten.

LÖFFELENTE
Anas clypeata

Zwei Erpel jagen eine Ente. Sie sind im Wettstreit um ihre Aufmerksamkeit zu Beginn der Brutsaison.

PRACHTEIDERENTE
Somateria spectabilis

Als Fotograf ist es gut zu wissen, dass große Enten stets gegen den Wind starten, um reichlich Luft für den Auftrieb unter ihre Flügel zu bekommen.

GÄNSEGEIER
Gyps fulvus

Ein wolkiger Himmel und eine Schneedecke, die das Licht auf die Unterseite des Vogels reflektiert: So hatte ich beinahe Studiobeleuchtung, die den Geier von allen Seiten gut ins Licht setzte.

KRÄHENSCHARBE
Phalacrocorax aristotelis

Um für die Landung das Tempo zu verringern, breitet der Vogel seine Flügel aus und spreizt den Schwanz so weit wie möglich. Sogar die Füße dienen als Bremse.

HABICHT
Accipiter gentilis

Die Jagdstrategie des Habichts basiert auf dem Überraschungsmoment; mit offensichtlicher Suche hat er bei der Jagd auf Kleinvögel weniger gute Chancen.

TORDALK
Alca torda

Der Vogel kam gerade vom Meer zurück an seinen Brutfelsen. Ein Teleobjektiv, das ich für dieses Foto verwendete, verwandelt den fernen Ozean in einen gleichmäßig grauen Hintergrund.

TURTELTAUBE
Streptopelia turtur

Die Taube versuchte, in einem Teich zu landen, um dort zu baden. Im Anflug merkte sie, dass das Wasser tiefer als erwartet war und wandte sich dem Rand des Teichs zu, um die Situation neu einzuschätzen.

BARTMEISE
Panurus biarmicus

Die kurzen Flügel der Bartmeisen (hier ein Weibchen) sind ideal für kurze Flugspurts im Schilfbestand, ihrem Lebensraum.

BIENENFRESSER
Merops apiaster

Auch die besten Jäger enden gelegentlich mit leerem Schnabel. Ein Bienenfresser kehrt nach erfolgloser Jagd zurück.

GARTENROTSCHWANZ
Phoenicurus phoenicurus

Dieses Männchen ist gerade im Begriff abzuheben und mit einer dicken Raupe zum Nest zu fliegen, um seine Jungen zu füttern.

ALPENSCHNEEHUHN
Lagopus muta

Während des Winters leben diese Vögel in kleinen Gruppen. Mitte April lösen sich diese Verbände auf und die Paare suchen sich Brutplätze. Hier landet ein Hahn auf einem anderen vor Beginn der Brutsaison.

PAPAGEITAUCHER
Fratercula arctica

Bei der Rückkehr zu seiner Bruthöhle und dem Anflug mit Gegenwind steht der Papageitaucher kurz in der Luft, bevor er vorsichtig und elegant landet.

BARTGEIER
Gypaetus barbatus

Für mich wurde ein Traum wahr, also ich die Gelegenheit hatte, Bartgeier in den Pyrenäen zu fotografieren. Und das mit Schnee auf den Bergen und wunderbarem Sonnenschein, was eine fantastische Kulisse für die fliegenden Geier erzeugte.

SCHMAROTZERRAUBMÖWE
Stercorarius parasiticus

Im Hochsommer geht im nördlichen Norwegen die Sonne niemals unter. Die Mitternachtssonne schickt einzigartige goldene Strahlen, die die Raubmöwe vor den schwarzen Felsen traumhaft beleuchten.

SPERBER
Accipiter nisus

Viele Landzungen entlang der Reiseroute ziehender Greife sind gute Orte zum Fotografieren. Hanko in Finnland ist ein solcher Ort. Tausende von Sperbern ziehen hier im Herbst vorbei und einige von ihnen, wie dieses Männchen, direkt am Fotografen.

SCHWARZSPECHT
Dryocopus martius

Das Gegenlicht umrahmt den Vogel, Lichtreflexionen von der Schneefläche unter ihm beleuchten ihn gut. Der dunkelblaue Hintergrund wird von einem Hang im Schatten erzeugt, etwas Schnee fällt vom Baum über dem Specht ... all dies trägt zu diesem ungewöhnlichen Schwarzspechtfoto bei.

WIEDEHOPF
Upupa epops

Manchmal erhält man gute Bilder durch genaue Vorbereitung, Übung oder großes Durchhaltevermögen, manchmal fallen sie einem einfach in den Schoß. Ich befand mich in einem Park und sah, wie sich Menschen dem Wiedehopf näherten. Er würde abheben: ich war bereit.

ELSTER
Pica pica

Elster wirken auf den ersten Blick einfach schwarzweiß, aber ihre Farben sind im richtigen Licht und mit ausgebreiteten Flügeln erstaunlich vielseitig.

UNGLÜCKSHÄHER
Perisoreus infaustus

Diese netten, neugierigen und offensiven Vögel lassen sich gut mit Futter anlocken. Es ergibt fabelhafte Fotomotive, wenn sie mit ihrer Beute in den Wald zurückkehren.

SCHNEEAMMER
Plectrophenax nivalis

Wenn die Schneeammern im Frühjahr in ihren Brutgebieten ankommen, liegt noch beinahe überall Schnee. Die wenigen offenen Bodenstellen locken die Nahrung suchenden Vögel in großen Scharen an. Das ergibt gute Möglichkeiten zum Fotografieren.

EISENTE
Clangula hyemalis

An manchen Tagen im Mai wandern Tausende von Eisenten an der Küste des Finnischen Meerbusens entlang zu ihren Brutgebieten. Im Laufe des Tages werden es immer mehr, sie ziehen auch am Abend bis in die Nacht hinein.

KRANICH
Grus grus

Das fahle Licht taucht den Himmel und die ziehenden Kraniche in rosa, blaue und violette Töne.

TRAUERENTE

Melanitta nigra

Trauerenten ziehen im Mai zu ihren arktischen Brutgebieten. Sie fliegen gelegentlich auch nachts.

RINGELTAUBE
Columba palumbus

Aus der Sicht des Fotografen ist der beste Wind beim Herbstzug der Gegenwind, denn er zwingt die Vögel in geringe Höhen.

BERGFINK
Fringilla montifringilla

Bergfinken sammeln sich vor dem Zug oft auf offenen Feldern, um sich zu stärken. Manchmal sind es Tausende, die nervös abheben, wenn Gefahr durch einen Sperber oder einen anderen Feind droht.

SCHECKENTE
Polysticta stelleri

Diese auffälligen Enten tummeln sich im Winter in nördlichen Fischereihäfen und profitieren hier von Fischabfällen.

TROTTELLUMME
Uria aalge

Die Seevögel sind soeben an ihren Brutfelsen auf der Insel Hornøya in Nordnorwegen angekommen. Die Brutsaison hat noch nicht begonnen und die Vögel sind wenig scheu, weshalb gute Weitwinkel-Aufnahmen möglich sind.

WEISSWANGENGANS
Branta leucopsis

Diese Gänse sammeln sich auf Feldern zur Nahrungssuche, bevor sie spät am Abend zu ihren Schlafplätzen auf Felsen draußen auf dem Meer fliegen. Dieses Bild entstand bei wenig Licht. Es zeigt die Atmosphäre und Bewegung des riesigen abhebenden Schwarms im Mondlicht.

KOLKRABE
Corvus corax

Kolkraben sind äußerst vorsichtig und aufmerksam. Im Winter sammeln sie sich in Gruppen an den besten Nahrungsplätzen. Immer wieder entdeckt ein Vogel etwas Verdächtiges und veranlasst die ganze Gruppe zur Flucht vor einem Steinadler (*oben*) oder einem Habicht.

ALPENSCHNEEHUHN
Lagopus muta

Egal zu welcher Jahreszeit, Alpenschneehühner verschmelzen meistens hervorragend mit dem Hintergund. Dieses Küken (*oben*) ist in die Ruine eines Hauses gewandert, aber sogar hier hebt es sich kaum vom flechtenbewachsenen alten Holz ab. Im Winter macht es das weiße Winterkleid für Feinde schwierig, die Vögel im Schnee zu entdecken (*rechts*).

ALPENSCHNEEHUHN
Lagopus muta

Das Sommergefieder ist die perfekte Tarnung in ihrem Lebensraum mit den Farben grauer Felsen und arktischer Vegetation.

SCHNEEEULE
Bubo scandiaca

Die weiblichen Eulen haben das ganze Jahr hindurch ein braunes Muster auf dem weißen Gefieder. Sie sind im Winter gut getarnt, aber auch im Sommer auf dem Nest erstaunlich schwer zu entdecken.

WASSERRALLE
Rallus aquaticus

In Finnland versuchen nur wenige Wasserrallen zu überwintern. Wenn ein großer See den ganzen Winter über teilweise offen bleibt, haben sie recht gute Überlebenschancen.

SILBERMÖWE
Larus argentatus

Auf der Varanger-Halbinsel im Norden Norwegens wechselt das Wetter unglaublich schnell. Am Ende eines wilden Schneesturms scheint wieder die Sonne durch die dunklen Wolken, direkt auf die fliegenden Möwen.

SANDREGENPFEIFER
Charadrius hiaticula

Der Wind nahm immer mehr zu, das Wasser stieg höher und höher und die Wellen türmten sich auf. Schließlich hatte diese Regenpfeifer-Gruppe keine Lust mehr, dem Wasser ständig auszuweichen und flog lieber zu einem geschützteren Platz.

ALPENBRAUNELLE
Prunella collaris

Alpenbraunellen sind sehr genügsam, sie kommen nur dann ins Tal, wenn die Berge komplett mit Schnee bedeckt sind. Solange es noch offene Flecken am Boden gibt, bleiben sie lieber dort oben.

DREIZEHENMÖWE
Rissa tridactyla

Schneestürme bieten oft sehr gute Möglichkeiten zum Fotografieren. Hier kämpft eine Dreizehenmöwe mit dem Schnee und dem Wind, das dunkle Meer im Hintergrund bietet eine schöne Kulisse.

GÄNSEGEIER
Gyps fulvus

Reinweißer Schnee und Schneestürme sind nicht gerade die typische Kulisse für Gänsegeier. Solange sie jedoch Nahrung finden, stört sie die Kälte nicht.

SPERBEREULE
Surnia ulula

Selbst dreißig Grad minus machen Sperbereulen nichts aus, solange sie hier und da eine Maus erwischen.

BARTGEIER
Gypaetus barbatus

Ein Jungvogel will gerade starten; der dunkle Kopf und das braungefleckte Bauchgefieder unterscheiden ihn von seinen Eltern.

SAMTENTE
Melanitta fusca

Ein Paar Samtenten ganz nah, vorne die braune Ente und hinten der samtschwarze Erpel.

KRANICH
Grus grus

Sein lauter Ruf ist bei gutem Wetter weithin zu hören. Der Fotograf hört nach einem Tag bei den Kranichen deren Rufe noch weit bis in die Nacht in seinen Ohren nachklingen.

TROTTELLUMME
Uria aalge

Seevogelkolonien sind wunderbare Fotoobjekte, es ist ein ständiges Kommen und Gehen. Dem Fotografen bieten sich unendliche Motive und viele Gelegenheiten für Nahaufnahmen.

BARTKAUZ
Strix nebulosa

Die breite Form des Eulengesichts hat vor allem eine Intention: So viele Geräusche wie möglich einzufangen. Zusätzlich zu ihrer überragenden Sehfähigkeit braucht die Eule ein besonders gutes Gehör, um im Winter Mäuse unter der Schneedecke zu orten.

STEINADLER
Aquila chrysaetos

Schneehasen sind eine wichtige Nahrungsquelle für Steinadler im Winter. Hier rupft ein ausgewachsener Steinadler den Hasen, um an sein Fleisch zu gelangen.

WIEDEHOPF
Upupa epops

Bei Aufregung hebt der Wiedehopf seine Schopffedern an. Auch nach der Landung werden sie für einen Augenblick gespreizt. Hier bringt ein Elternteil Futter für die Jungen.

Die Fotos wurden, wenn nicht anders erwähnt, mit einer Canon EOS in Finnland aufgenommen. Auflistung nach Seitenzahlen.

1 1Ds mk III, 500 mm + 1,4x Konverter, f/6,3, 1/2000s, ISO 800 *April 2009, Norwegen*

3 1Ds mk II, 500 mm + 1,4x Konverter, f/5,6, 1/320s, ISO 320 *Juni 2005*

4 1D mk II, 500 mm, f/4,5 1/2000s, ISO 400 *April 2006, Norwegen*

5 1Ds mk II, 500 mm + 1,4x Konverter, f/16, 1/1000s, ISO 400 *April 2007*

6 1D mk IV, 500 mm, f/8, 1/2000s, ISO 800 *November 2010, Spanien*

8 1D, 300 mm, f/11, 1/100s, ISO 200 *April 2003*

9 1D, 300 mm, f/2.8, 1/400s, ISO 200 *April 2003*

10 1D mk II, 500 mm, f/5,6, 1/3200s, ISO 500 *Mai 2006*

11 1D mk II, 500 mm + 1,4x Konverter, f/6,3, 1/1600s, ISO 320 *April 2006*

12 1Ds mk II, 500 mm, f/9, 1/1000s, ISO 250 *Mai 2005*

13 1D mk II, 500 mm, f/5,6, 1/400s, ISO 400 *April 2006*

14 1Ds mk III, 500 mm, f/11, 1/2000s, ISO 500 *April 2008*

16 1D mk II, 500 mm + 1,4x Konverter, f/5,6, 1/200 mm, ISO 400 *Mai 2005, Estland*

17 1D mk II, 500 mm, f/9, 1/100s, ISO 400 *Mai 2006, Ungarn*

18 & 19 1D mk IV, 800 mm, f/5,6, 1/1000s, ISO 1250 *Mai 2010*

20 & 21 1Ds mk III, 800 mm, f/5,6 (20)/ f10 (21), 1/1000s, ISO 800 *August 2009*

22 1Ds mk III, 800 mm, f/9, 1/500s, ISO 500 *Mai 2009*

23 1D mk IV, 800 mm, f/7,1, 1/500s, ISO 800 *Mai 2010*

24 1D mk III, 300 mm, f/5, 1/1600s, ISO 1600 *Mai 2008, Ungarn*

25 1Ds mk II, 500 mm + 1,4x Konverter, f/6,3, 1/400s, ISO 400 *Juni 2006, Island*

26 1D mk II, 300 mm, f/3.2, 1/1250s, ISO 500 *Mai 2007, Ungarn*

27 1D mk III, 300 mm, f/4, 1/2000s, ISO 1600 *Mai 2008, Ungarn*

28 1D mk III, 500 mm, f/4, 1/800s, ISO 1600 *Juni 2009*

29 1D mk III, 500 mm, f/4 , 1/1600s, ISO 2000 *Juni 2009*

30 1D mk III, 500 mm + 2,0x Konverter, f/9, 1/1000s, ISO 2000 *Juli 2007*

32 1D mk II, 500 mm, f/4, 1/2000s, ISO 640 *Juli 2005*

33 1D mk II, 500 mm, f/4, 1/2000s, ISO 400 *Juni 2005, Norwegen*

34 1Ds mk III, 800 mm, f/11, 1/100s, ISO 800 *August 2009*

35 1D mk II, 500 mm, f/6,3, 1/640s, ISO 400 *Juni 2005, Norwegen*

36 & 37 1D mk II, 300 mm, f/5,6, 1/200s, ISO 400 *Mai 2005*

38 1D mk III, 500 mm, f/4, 1/4000s, ISO 1250 *Dezember 2008, Spanien*

39 1D mk II, 500 mm, f/22, 1/10s, ISO 500 *Juli 2006, Ungarn*

40 1D mk III, 300 mm, f/5,6, 1/50s, ISO 1600 *Mai 2008, Ungarn*

41 1D mk III, 500 mm, f/6,3, 1/400s, ISO 1250 *Mai 2008, Ungarn*

42 1D mk II, 500 mm + 1,4x Konverter, f/5,6, 1/400s, ISO 1000 *Mai 2007, Ungarn*

43 1Ds mk II, 300 mm, f/3.5, 1/2000s, ISO 800 *Mai 2007, Ungarn*

44 1D mk II, 500 mm + 1,4x Konverter, f/13, 1/160s, ISO 400 *April 2006*

45 oben 1D mk III, 500 mm, f/4,5, 1/2000s, ISO 1600 *März 2008*

45 unten 1D mk III, 500 mm, f/4, 1/800s, ISO 1600 *April 2008*

46 1D mk II, 500 mm+ 1,4x Konverter, f/5,6, 1/1000s, ISO 500 *März 2007*

48 1D mk III, 800 mm, f/7,1, 1/3200s, ISO 2000 *Mai 2009*

49 1Ds mk III, 800 mm + 1,4x Konverter, f/8, 1/2000s, ISO 800 *Dezember 2009, Spanien*

50 & 51 1D mk IV, 500 mm, f/10 (50) and f6,3 (51), 1/2500s, ISO 1000 *Juli 2010, Norwegen*

52 1D mk II, 300 mm, f/4, 1/1000s, ISO 800 *Februar 2007*

54 1Ds mk II , 500 mm + 1.4 Konverter, f/7,1, 1/1000s, ISO 400 *März 2007*

55 1D mk III, 300 mm, f/2.8, 1/1600s, ISO 1600 *Mai 2008, Ungarn*

56 1D mk II 300 mm, f/6,3, 1/1600 s, ISO 400 *August 2005, Norwegen*

58 1Ds mk II, 500 mm + 1,4x Konverter, f/10, 1/1000s, ISO 400 *April 2007*

59 1Ds mk III, 500 mm + 1,4x Konverter, f/11, 01/500s, ISO 500 *Mai 2008, Ungarn*

60 1D mk III, 800 mm, f/9, 1/2000s, ISO 1250 *Mai 2009, Israel*

61 1D mk III, 500 mm, f/6,3, 1/2000s, ISO 1600 *Mai 2008, Ungarn*

62 1D mk IV, 500 mm, f/4,5, 1/2000s, ISO 1600 *Juli 2010, Norwegen*

63 1Ds mk III, 500 mm, f/7,1, 1/1000s, ISO 800 *Juni 2008*

64 1D mk III, 500 mm, f/7,1, 1/1600s, ISO 1600 *Juni 2008*

66 1D mk III, 300 mm, f/8, 1/3200s, ISO 1250 *April 2009*

68 1D mk II, 500 mm, f/14, 1/1250s, ISO 500 *September 2006*

69 1D mk IV, 500 mm, f/11, 1/800s, ISO 800 *August 2010*

70 1D mk II, 500 mm, f/8, 1/2000s, ISO 800 *Juni 2006, Island*

71 1D mk II, 500 mm, f/6,3, 1/2000s, ISO 500 *Juni 2006, Island*

72 1D mk II 500 mm, f/4.0, 1/1600 s, ISO 400 *April 2006*

73 1D mk II, 500 mm, f/5,6, 1/1600s, ISO 500 *Juni 2006, Island*

74 1D mk II, 500 mm, f/4,5, 1/2500s, ISO 160 *Juni 2004, Lettland*

75 1D mk II, 500 mm, f/4,5, 1/2500s, ISO 320 *Mai 2005*

76 1D mk III, 14 mm, f/6,3, 1/2000s, ISO 1600 *März 2009*

77 1D mk IV, 200 mm, f/5,6, 1/2000s, ISO 1250 *März 2010*

78 1D mk III, 500 mm, f/13, 1/1600s, ISO 1600 *März 2009*

80 1D mk III, 300 mm, f/6,3, 1/1600s, ISO 1600 *März 2009*

82 1Ds mk II , 500 mm + 1,4x Konverter, f/5,6, 1/80s, ISO 400 *Oktober 2005*

83 1D mk IV, 300 mm, f/6,3, 1/5000s, ISO 1250 *Februar 2011*

84 1D mk II, 500 mm, f/4, 1/2500s, ISO 800 *Dezember 2005*

85 1D mk II, 500 mm + 1,4x Konverter, f/7,1, 1/400s, ISO 320 *Mai 2006*

86 & 87 1D mk II, 500 mm, f/4, 1/1600s (86)/1/500s (87), ISO 640 *Februar 2006*

88 1D mk IV, 300 mm, f/3.5, 1/3200s, ISO 1600 *Februar 2010*

90 1D mk IV, 500 mm, f/4, 1/1250s, ISO 2500 *Januar 2010*

91 1D mk IV, 500 mm, f/5,6, 1/500s, ISO 1250 *Januar 2010*

92 1D mk III, 800 mm, f/5,6, 1/1000s, ISO1600 *Oktober 2008*

93 1Ds mk II, 500 mm + 1,4x Konverter, f/5,6, 1/400s, ISO 400 *Dezember 2004*

94 1D, 500 mm, f/4, 1/800s, ISO 400 *Dezember 2003*

95 1D mk IV, 800 mm, f/5,6, 1/400s, ISO 2000 *Oktober 2010*

96 & 97 1D mk IV, 800 mm, f/7,1, 1/4000s, ISO 1600 (96)/ ISO 1250 (97) *Februar 2011*

98 & 99 1D mk IV, 800 mm, f/8 (98)/ f9 (99), 1/2000s, ISO 1000 *April 2010*

100 1D mk II, 500 mm, f/5, 1/1250s, ISO 500 *Juni 2006, Island*

101 1D mk IV, 800 mm, f/5,6, 1/1600s, ISO 1250 *Januar 2011*

102 1D mk II, 500 mm, f/5, 1/2000s, ISO 500 *April 2006, Norwegen*

103 1D mk IV, 500 mm, f/8, 1/1600s, ISO 800 *November 2010, Spanien*

104 1D mk III, 500 mm, f/8, 1/2500s, ISO 1250 *April 2009, Norwegen*

105 1D mk II, 300 mm f6,3, 1/2000s, ISO 320 *März 2005*

106 1D mk IV, 500 mm, f/5, 1/3200s, ISO 1250 *März 2010, Norwegen*

108 1D mk III, 300 mm, f/4,5, 1/3200s, ISO 1600 *Mai 2008, Ungarn*

109 1D mk III, 800 mm, f/9, 1/2500s, ISO 1000 *Februar 2009*

110 1D mk III, 500 mm, f/8, 1/250s, ISO 500 *Mai 2008, Ungarn*

111 1D mk III, 500 mm, f/4,5, 1/2500s, ISO 2000 *Juni 2008*

112 1D mk II, 500 mm + 1,4x Konverter, f/11, 1/2000s, ISO 200 *April 2006*

113 1D mk III, 500 mm, f/8, 1/2500s, ISO 1250 *April 2009, Norwegen*

114 & 115 1D mk IV, 500 mm, f/8 (114)/ f6,3 (115), 1/2000s (114)/1/4000s (115), ISO 800 *November 2010, Spanien*

116 1D mk II, 500 mm, f/4,5, 1/2000s, ISO 400 *Juli 2004, Norwegen*

117 1D mk II, 500 mm + 1,4x Konverter, f/6,3, 1/3200s, ISO 500 *September 2006*

118 1D mk III, 70–200 mm (85 mm), f/7,1, 1/2500s, ISO 1600 *Februar 2008*

119 1D mk II, 500 mm, f/6,3, 1/2500s, ISO 400 *November 2004, Vereinigte Arabische Emirate*

120 1D mk III, 500 mm + 1,4x Konverter, f/7,1, 1/2500s, ISO 1600 *April 2008*

121 1D mk IV, 70–200 mm (140 mm), f/8, 1/3200s, ISO 1600 *März 2010*

122 1D mk II, 500 mm + 1,4x Konverter, f/5,6, 1/3200s, ISO 400 *März 2006*

124 1Ds mk II, 500 mm, f/4, 1/640s, ISO 800 *Mai 2007*

125 1D mk II, 500 mm, f/4, 1/400s, ISO 800 *April 2006*

126 1D mk II, 300 mm, f/2.8, 1/320s, ISO 1250 *Mai 2006*

128 1D mk III, 500 mm, f/8, 1/1250s, ISO 800 *September 2007*

129 1D mk III, 800 mm, f/5,6, 1/1600s, ISO 1600 *Oktober 2008*

130 1D mk II, 500 mm + 1,4x Konverter, f/7,1, 1/2000s, ISO 500 *März 2007, Norwegen*

132 1Ds mk III, 24 mm, f/8, 1/800s, ISO 250 *April 2009, Norwegen*

133 1D mk III, 35 mm, f/2, 1/50s, ISO 3200 *Oktober 2008*

134 1D mk III, 300 mm f/3.2, 1/1250s, ISO 1600 *Januar 2008*

135 1D mk III, 300 mm f/2.8, 1/640s, ISO 1000 *Januar 2008*

136 1D mk II, 300 mm + 1,4x Konverter, f/5,6, 1/1000s, ISO 200 *Juni 2004*

137 1D mk II, 500 mm, f/32, 1/200s, ISO 320 *April 2005*

138 1D mk III, 500 mm + 2,0 Konverter, f/8, 1/800s, ISO 1600 *Juli 2008, Norwegen*

139 1D mk IV, 800 mm + 1,4x Konverter, f/11, 1/200s, ISO 800 *Januar 2010, Kanada*

140 1D mk IV, 800 mm f/5,6, 1/160s, ISO 1600 *Januar 2011*

141 1D mk IV, 500 mm f/4,5, 1/500s, ISO 2000 *Januar 2011*

142 1Ds mk III, 70–200 mm (70 mm), f/8, 1/2500s ISO 800 *März 2010, Norwegen*

143 1Ds mk III, 800 mm + 1,4x Konverter, f/10, 1/400s, ISO 500 *September 2009, Spanien*

144 1D mk III, 800 mm, f/18, 1/4000s, ISO 1600 *März 2009, Spanien*

145 1D mk III, 70–200 mm (185 mm), f/3.5, 1/640s, ISO 1600 *April 2009, Norwegen*

146 1D mk IV, 500 mm, f/9, 1/1250s, ISO 1250 *November 2010, Spanien*

147 1D mk IV, 800 mm + 1,4x Konverter, f/29, 1/160s, ISO 800 *Februar 2011*

148 1D mk IV, 500 mm f6,3, 1/4000s, ISO 800 *November 2010, Spanien*

150 1D mk IV, 800 mm + 1,4x Konverter, f/8, 1/250s, ISO 400 *Mai 2010*

151 1Ds mk II, 500 mm + 2,0x Konverter, f/16, 1/400s, ISO 400 *April 2007, Schweden*

152 1D mk III, 500 mm, f/7,1, 1/2000s, ISO 1600 *April 2009, Norwegen*

154 1D mk III, 800 mm + 1,4x Konverter, f/22, 1/125s, ISO 500 *März 2009*

156 1Ds mk III, 800 mm + 1,4x Konverter, f/10, 1/400s, ISO 500 *Februar 2010*

157 1Ds mk III, 500 mm + 2,0x Konverter, f/10, 1/640s, ISO 500 *Mai 2008, Ungarn*

REGISTER